LETTRES

Escrites au S*r* Morin,

Par les plus celebres Astronomes de France ; approuuans son inuention des Longitudes.

CONTRE

La derniere sentence renduë sur ce subject, par les Sieurs Pascal, Mydorge, Beaugrand, Boulenger, & Herigone, Commissaires deputez pour en juger.

Auec la Response dudit Sieur Morin au Sieur Herigone, touchant la nouuelle methode proposée par iceluy Herigone.

A Monseigneur l'Eminentissime Cardinal Duc de Richelieu.

A PARIS,

Chez ledit Sieur Morin, logé sur le Quay de l'Escole S. Germain, en la maison de M*r* Tournaire; Et chez le sieur Iean Libert rüe S. Iean de Latran. 1635.

LETTRES ESCRITES AV
Sieur MORIN, *Par les plus celebres Astronomes de France; approuuans son inuention des Longitudes.*

'E s t chose cognuë dans la France &
dehors, mais particulierement à Paris;
que sur l'action mathematique par
moy faite dans l'Arsenal le 30. de Mars
dernier, touchant mon inuention des Longitudes;
les Sieurs Pascal, Mydorgë, Beaugrand, Boulenger,
& Herigone, Commissaires deputez à l'examen d'i-
celle inuention par Monseigneur l'Eminentissime
Cardinal Duc de Richelieu, ont rendu sur cét affaire
deux Sentences diametralement contraires. L'vne
en presence de grand nombre de personnes doctes
& d'illustre condition, qui par curiosité voulurent
assister à mon action, où mes Iuges forcez par la vi-
gueur de mes raisons, & la presence des hommes
capables du faict; Dirent qu'en plusieurs & diuerses
manieres i'auois geometriquement & tres-certaine-
ment demonstré la science des Longitudes inco-
gnuë aux anciens & modernes Mathematiciens; &
qu'elle se pouuoit pratiquer sur Terre & sur Mer.
L'autre, 10 iours apres en leur particulier, & comme
ie croy de leur propre mouuement, bien qu'on en
parle diuersement: Par laquelle ils disent tout au

rebours, Que la fcience des Longitudes a efté de-
monftrée par d'autres deuant moy : Que ie ne l'ay
point demonftré : Que la fcience par moy propo-
fée ne fe peut pratiquer, ny fur Terre ny fur Mer : &
qu'elle ne vaut rien pour la reformation des Tables
Aftronomiques. Laquelle derniere fentence accom-
pagnée d'vn chetif efcrit plein d'iniures & d'inue-
ctiues contre moy, ils eurent bien l'hardieffe d'aller
prefenter à mondit Seigneur l'E. Cardinal ; quoy
que Monfieur le Commandeur de la Porte deputé
pour prefider en l'action, Monfieur de Bautrù Con-
ducteur des Ambaffadeurs & autres, luy euffent fait
vn fidele rapport de la premiere fentence ; puis firent imprimer & publier leur efcrit par Paris, au
grand fcandale de tous ceux qui m'auoient faict
l'honneur d'affifter à mon action.

Or voyant vne fi grande iniquité & fupercherie,
& qu'apres auoir baillé mon fecret fur la foy publi-
-que de la recompenfe promife, ces Meffieurs par
enuie de ma renommée & de ma fortune me vou-
loient prendre pour duppe ; comme vn homme qui
n'oferoit leur faire tefte, tant ils ont bonne opinion
d'eux-mefmes : Apres auoir demeuré quelque peu
comme eftourdy d'eftonnement pour vne chofe fi
extrauagante dans les Mathematiques ; en fin repre-
nant mes efprits, ie me refolus de leur monftrer
qu'en ceft affaire i'en fçauois encor plus qu'eux, qui
n'en fçauoient rien de bon que ce que ie leur en
auois apris ; & les furprendre eux-mefmes en leur
malice, puis qu'ils me faifoient fi beau jeu que de ne
me pas faire le tort à demy, mais tout du long & du
large ; & encor outrepaffans les bornes de la ciuili-
té, me chargeoient fans aucun fubjet d'iniures & de

brocards, pour me rendre contemptible & ridicule vers ſon E. & tout le Monde ; apres auoir offert à ſon E. & donné au public la plus belle & plus vtile ſcience, qui oncques ait eſté cognuë en toute l'Aſtronomie : *ſumma iniuria, ſummum ius.*

Ayant donc par bon-heur retiré l'extraict de ce qui ſe traitta & eſcriuit en l'aſſemblée, ſigné du Secretaire eſtably pour cét effect : & de plus recueilly vne ſignalée atteſtation de 16. perſonnes doctes, & preſque tous de noble & illuſtre condition, certifians que mes Commiſſaires auoient en pleine aſſemblée rendu la premiere ſentence, & demeuré d'accord du contenu en icelle : Ie me mis gayement à compoſer mon liure de la ſcience des Longitudes ; dans les quatre premieres parties duquel eſt inſerée toute mon action de l'Arſenal, qui dura cinq bonnes heures ; enſemble les exemples & calculs pour preuue de la verité de ma ſcience. Puis dans la cinquieſme partie changeant de ton, i'examine & refute l'eſcrit & derniere ſentence de mes Iuges, faiſant voir clairement leurs contradictions & leur iniquité : & que ſi pour la ſcience des Longitudes par moy propoſée il y auoit de l'ignorance parmy nous, elle eſt toute de leur coſté, & nullement du mien.

Or m'ayans ſans autre ſubjet que leur propre enuie & malice attaqué de fauſſes iniures, ie leur ay voulu dire leurs veritez pour deux raiſons. La premiere afin de leur faire ſentir le tort qu'ils ont eu de commencer, & leur renuoyer l'eſteuf comme à gens qui m'ont par trop deſobligé pour leur porter plus de reſpect dans la iuſtice de ma douleur, qu'ils n'ont merité de ma part. La ſeconde eſt plus conſiderable. Car ces Meſſieurs croyans d'auoir aſſoupy mon af-

faire par leur chetif escrit & sentence derniere, où il
y a aussi peu de raison que de rithme ; & que n'osant
gronder contre eux i'en demeurerois là : I'ay non
seulement voulu refuter leur escrit & sentence par
puissantes raisons ; mais encor ay iugé necessaire me
defendant comme i'ay esté attaqué, de pinser des
gens qui d'eux-mesmes se picquent si fort de vaine
gloire ; afin de les plustost & tant plus obliger à me
respondre, & rendre raison des quatre poincts de
leur derniere sentence ; non seulement dans l'enclos
de Paris, où selon leur dessein leur escrit a seulement
paru ; mais à toute l'Europe, à tout le Monde, & à
toute la Posterité, qui verra icelle sentence dans
mon liure de tres-mauuais œil ; sçachant bien qu'il
n'est pas en leur possible de la soustenir par raisons
valides, comme ie leur ay predit.

Eux doncques ayans veu mon liure, & que ie ne
les flattois point ; & appris de tous les doctes de Paris, mesmes de leurs plus chers amis, qu'en effect ils
m'auoient trop indignement traitté : Au lieu de
trouuer & proposer remede à la faute par eux faite, ils ont mieux aymé ioüer à la desesperade, & iet-
ter le manche apres la coignée : En esperance que
s'ils ne peuuent ruiner ma reputation dans le monde, pour le moins empescheront-ils ma recompense à Paris ; ce qui seruira de curée à leur enuie, & à
leur aduis de quelque couuerture, quoy que bien
mince à leur honneur. Pour cét effect donc le sieur
Beaugrand s'est vanté en plusieurs lieux d'auoir veu
Monseigneur l'E. Cardinal sur ce subject, luy auoir
dit & fait croire que tout ce que i'auois fait ne valoit
rien, & en somme l'auoit desabusé de cét affaire : Ce
qui en verité seroit bien tout le contraire, si tant

eſtoit qu'vn eſprit ſi clair-voyant que ſon E. fuſt capable d'eſtre ſurpris par telles gens, dont la contra-
diction & mauuaiſe foy ne ſont que trop cognuës de
tous. Il ſe vante encor d'auoir tellement deſabuſé
vn Seigneur de la Cour duquel i'ay tout ſubiect de
me loüer ; qu'il ne veut plus ny me voir ny ouyr
parler de mon affaire : Et en toutes les compagnies
où ledit ſieur Beaugrand & ſes compagnons ſe trouuent, ils ne s'eſtudiēt qu'à abuſer les incapables de
ces ſciences, qui n'ont veu mon action : Venans meſmes iuſques là, que de bafoüer la ſcience par moy
donnée, & la mettre en meſme parallele & raillerie
que les fauſſes Quadratures du cercle cy deuant propoſées par quelques vns. Et il eſt vray qu'en ceſte fa-
çon ils me peuuent plus nuire qu'en quelqu'autre
que ce ſoit : Car vn menſonge effronté n'eſt pas de
peu d'effect à l'abord , parmy gens incapables de
cognoiſtre la verité, & qui n'entendent que d'vne
oreille.

Mais à quoy aboutira & ſeruira toute ceſte fineſſe,
ſinon à leur accumuler plus d'ignominie & d'honte
ſur le front ? Car il n'eſt pas en leur poſſible de ſe-
duire en cét affaire les perſonnes qui en ſont capables, dont il y en a grand nombre à Paris, qui au contraire blaſment mes Iuges : Et pour les ignorans
ils ne peuuent eſtre ſeduicts que pour vn temps ; car
en fin la verité l'emporte touſiours par deſſus le
menſonge. *Magna eſt Veritas, & præualet. Eſdra,
lib. 3. cap. 4.*

Or voyans bien que ie les ay obligé le plus eſtroitement que i'ay pû à me reſpondre, & rendre raiſon
publique de leur derniere ſentence : Et leur eſtant
repreſenté de tous coſtez qu'il y va de leur honneur,

mais ne ſçachans comme s'y prendre, veu que d'im-
pugner vne verité Aſtronomique en face de tous les
Aſtronomes du monde, *hoc opus hîc labor eſt* ; & ils
voyent bien qu'ils s'y perdroient tout à faict, s'ils ne
s'y prennent d'vn eſtrange biais : Ils ont fait grand
nombre d'aſſemblées & de conſultes pour ce ſubjet,
où dés le commencement fut reſolu & promis qu'ils
feroient vn gros liure pour reſponſe au mien, où ie
ſerois accommodé en fort piteux eſtat : côme ſi pour
rendre raiſon de leur ſentence qui ne contient pas
deux pages *in quarto*, il eſtoit beſoin d'autre choſe
que d'vne breue & claire demonſtration. Ce gros
liure a eſté long temps attendu ; mais apres pluſieurs
autres aſſemblées & conſultes on n'a pas iugé à propos de le tirer de puiſſance en acte, ains de le laiſſer
en ſon neant pour changer de batterie. Car ces Meſſieurs remarquans & ſe reſſouuenans fort bien qu'à
me combattre en gros ie les auois mal-mené par
deux fois ; à ſçauoir en mon action de l'Arſenal, & en
ma refutation de leur eſcrit & derniere ſentence, où
ſelon le iugement public & la verité, i'ay touſiours
remporté la victoire : Ils ont reſolu d'eſprouuer ſi
en particulier ils ſeront plus heureux ; croyans auſſi
que d'hazarder tout leur effort en vn ſeul liure, i'en
aurois trop bon marché, & verrois trop toſt la fin
de ceſte guerre. Et partant que n'ayans pas eſperance de la victoire, mais voulans ſeulement me fati-
guer & opprimer ; il valoit mieux faire autant de liures qu'ils eſtoient de Iuges pour me les oppoſer.
Que peut-eſtre cela me mettroit au deſeſpoir & me
feroit tout quitter ; ou pour la fatigue du corps &
de l'eſprit, ou pour la deſpenſe de l'impreſſion. De
ſorte que depuis quelque temps il ne ſe parle plus

que de ceste quantité de liures qui me doiuent bien donner de l'exercice.

Mais en premier lieu, qui ne void qu'en cela il n'y a aucun zele de verité, mais seulement vne malice noire de gens qui ayans commis vne tres-grande faute, se trauaillent l'entendement & la volonté à la reparer par vne plus grande; puis que ce qu'ils feront se verra bien plus loin que leur premier escrit? Secondement, qui est l'homme de bon iugement qui ne void clair, que mes Iuges ont donné leur derniere sentence contre toute raison; veu que depuis neuf mois qu'elle est donnée, ils n'ont encore pû trouuer aucune raison capable de la defendre? Eux qui estans si grands personnages comme ils se vantent, deuoient pour cét effect auoir leurs raisons toutes prestes pour refuter mon liure, incontinent qu'il seroit en lumiere? Et qui ne void qu'ayans promis de respondre depuis si long temps, & n'ayans encor respondu, leurs promesses ne sont que pour mieux abuser le monde, me tenir le bec en l'eau, & ma recompense en eschec ? Et qu'en effect auant que de mettre ny gros ny petit liure en public, il y aura bien encor d'autres consultes à faire; veu que ce n'est pas seulement à moy, ny au Secretaire de l'assemblée dont i'ay l'acte public, ny aux personnes illustres dont i'ay le certificat qu'ils s'en prendront : mais à tous les Mathematiciens du monde, presens & à venir, qui tous se rangeront de mon party, qui est celuy mesme de la verité? C'est pourquoy ie ne m'estonne pas s'ils ne respondent point, car i'y serois aussi empesché qu'eux, si i'estois en leur place & en leur dessein.

Or pour leur faire voir que les attendant de pied

coy ie ne les crains ny en gros ny en detail, & que ie
ne m'endors pas en cét affaire, lequel ie poufferay
iufques au bout, puis que ie defends la verité, qui s'eſt
donnée à moy à ceſte fin, & qu'icelle verité me de-
fend, mefmes par des grands perſonnages: Afin de
les reueiller & leur donner meilleur courage &
meilleure efperance, ie veux leur faire voir, & à tout
le monde, les Lettres que m'ont faiét l'honneur de
m'efcrire les trois plus celebres Aftronomes que
nous ayons en France. Perſonnes conſommées dans
la Theorie, pratique & obſeruation des Aftres; &
qui pour cela font cognus en France, Italie, Allema-
gne, Hollande, Dannemarc, & autres lieux où ils ont
leurs correfpondances auec les plus fameux Aftronomes de ce fiecle. Et par confequent perſonnes
dont le iugement eſt bien d'autre poids & confide-
ration que celuy de mes Commiſſaires; qui tant s'en
faut qu'ils foient cognus hors de Paris pour Aftronomes, que mefmes dans Paris on fçait bien que iufques icy ce n'eſtoit pas leur talent ; & entre eux cinq
ils ne fçauroient mettre en lumiere cinq obſeruatiós
qu'ils ayent faites : Et neantmoins en vn affaire fi
clair que le mien, ils en fçauoient affez pour le iuger
felon verité ainfi qu'ils firent par leur premiere fentence. Or ces Meſſieurs (qui font Monfieur Gaul-
tier Seigneur & Prieur de la Valette en Prouence,
homme rare en toute fcience, & qui obſerue les A-
ftres depuis 40. ans comme il dit en fa lettre. Monfieur Gaffend Theologal de Digne affez cognu, &
Monfieur de Valois Efcoſſois, Treforier General de
France en Dauphiné, & Intendant de la maifon de
Monfieur le Comte de Sault, qui tous deux vac-
quent fort foigneufement & ferieufement aux ob-

feruations celeftes y a plus de 15. ans) confeſſent
tous ingenuëment par leurs lettres : *Que i'ay tres bien*
& parfaictement demonftré la fcience des Longitudes
par nouueaux problemes : que i'en ay merité la recompen-
fe,& que mes Iuges ne m'ont pas traicté equitablement.
Et dautant qu'auec cefte approbation ils ne laiſſent
de me propofer quelques difficultez pour la pratique ; tirées de l'erreur des Tables de la Lune, de
l'obferuation, & autres chofes, lefquelles difficultez
font amplement deduites en la lettre de Monfieur
de Valois, qui nonobftant confeſſe que ma fcience
peut eftre pratiquée les Tables de la Lune eftant correctes : Pour ne redire & faire imprimer tant de fois
vne mefme chofe, i'ay iugé plus à propos de faire
imprimer tout du long la feule lettre dudit fieur de
Valois, & l'approbation de ma fcience contenuë
dans les deux autres ; puis accompagner le tout de
la refponfe par moy faite audit fieur de Valois, où ie
refouls toutes les difficultez qui me font propofées
par ces trois perfonnès tres-doctes. Et moyennant
ce, i'efpere qu'outre les hommes capables de ces
chofes lefquels font tous de mon party ; il n'y aura
aucun des autres qui ne voye clairement la iuftice
de ma caufe, & l'iniuftice de mes Iuges : lefquels cependant fongeront & confulteront encore mieux
fur leur refponfe à faire, & la feront au pluftoft à
peine de forclufion : & moy en l'attendant ie rece-
uray d'autres approbations des plus fçauans hommes des pays eftrangers, aufquels pour cét effect i'ay
efcrit & enuoyé mon Liure.

A MONSIEVR
Monſieur Morin Profeſſeur du Roy aux Mathematiques à Paris.

MONSIEVR,

Dés que la Gazette eut publié au monde la nouuelle propoſition par vous faite de l'inuention des Longitudes, i'eſcriuy à mon neueu qui pour lors eſtoit à Paris, de s'enquerir ſoigneuſement de ce qui reüſſiroit de ceſte conference qui ſe deuoit tenir ſur ce ſubiet. Il ne ſe trouua pas en commodité de ſe rencontrer à ceſte celebre action que vous fiſtes dans l'Arſenal pour m'en rapporter les particularitez, dequoy ie fus bien marry; & partant ie luy reſcriuy de s'enquerir par toutes voyes de l'euenement de ceſte conference, & de m'enuoyer tout ce qu'il en auroit apprins, meſmes s'il y en auoit eu quelque choſe de redigée par eſcrit, de mettre tous ſes ſoins d'en auoir quelque copie pour me la faire voir : & ſi par fortune il n'en pouuoit rien apprendre d'ailleurs, qu'il s'adreſſaſt à vous-meſmes pour ſçauoir de vous quelle en auroit eſté l'iſſuë : Que vous me faiſiez aſſez l'honneur de m'aimer pour ne luy pas refuſer ceſte faueur, que de luy dire comment les choſes ſe ſeroient paſſées en ceſte ſi ſolennelle conuocation de tant de grands perſonnages. Il m'eſcriuit en fin qu'il vous en auoit parlé, & que vous luy auiez courtoiſement promis, que dés que le traité qui eſtoit ſous la preſſe ſeroit acheué d'imprimer, vous me feriez la faueur de m'en enuoyer vn exemplaire : Et de faiſt dans peu de iours apres il receut de vous tant ledit exemplaire qu'vne response à l'Apologie de Landsbergius, accompagnez d'vne de vos lettres pour me les enuoyer. Et parce qu'il estoit sur le poinct de partir pour venir en Dauphiné, il m'escriuit qu'il me porteroit le tout auec soy; mais mon impatience de voir vne si rare piece, ne me permit pas vne si longue attente. Ie luy rescriuy donc qu'il m'enuoyast le tout par la poste, sans attendre son depart qui estoit encores incertain: ce qu'il fit. Ainsi vostre lettre du 1. Septembre auec vos deux liures tomberent entre mes mains le 7. d'Octobre, comme ie voulois monter à cheual pour venir en ce pays où Monseigneur le Comte de Sault m'auoit donné ordre de me rendre à sa rencontre. Ie fus merueilleusement ioyeux de ceste bonne fortune, & ne portay auec moy pour tout entretien durant mon voyage que vosdits liures, & la petite Arithmetique logarithmique de Vingate (car ie n'ay pas encores recouuré vostre liure des Triangles spheriques) afin d'esprouuer, si besoin estoit, la verité de vos supputations.

Ie vous rends donc maintenant, Monsieur, vn million de tres-humbles graces, & pour vos rares presens & pour vostre courtoise lettre. En lisant laquelle auant qu'auoir ietté les yeux sur vostre liure, ie fus viuement touché d'vn sensible regret d'y apprendre, qu'on eust si peu fauorablement accueilly vos loüables trauaux, ceux-là notamment qui les deuoient cherir, & mettre dans l'estime des Puissances superieures pour encourager toutes sortes de gens vertueux & sçauans à trauailler auec affection pour donner quelque bonne inuention au Monde; estans à ce faire conuiez par la recognoissance qu'on auoit euë de vos premiers trauaux, & par la remuneration que lesdites Puissances superieures vous auroient faite, proportionnée à leur Grandeur &

à voſtre merite. Mais quand i'eus ietté les yeux ſur voſtre
dit liure, & l'eus parcouru d'vn bout à l'autre (ce que ie
fis eſtant meſmes à cheual par les chemins) ie fus émeu
d'vne compaſſion extraordinaire, & deploray la miſera-
ble condition de l'homme, qui quelque bonne & loüable
action qu'il face, ſe trouue le plus ſouuent chargé d'enuie, & payé d'ingratitude pour toutes ſes peines. Il eſt
vray que ce n'eſt pas choſe nouuelle, ou qui n'ait eſté pratiquée qu'en nos iours : C'eſt vne plainte que nos prede-
ceſſeurs ont faite depuis pluſieurs ſiecles, fondée ſur tant
de ſignalez exemples que leur temps leur ont produit, &
de laquelle nos ſucceſſeurs ne ſe pourront iamais garantir.
Car le mal eſt attaché au naturel de l'homme, qui eſt
mauuais, vain, & ingrat.

Dés le commencement de voſtre liure mon deſplaiſir
s'eſt rendu ſenſible, y ayant veu vn mien patriote, taſ-
chant autant qu'en luy eſtoit, de raualler vos loüables
inuentions, & d'imprimer vne ſiniſtre opinion (ſans
qu'on luy en demandaſt aduis) de voſtre propoſition dans
l'eſprit de tous ceux qui en auoient ouy parler. Ceſte procedure eſt incompatible auec la charité Chreſtienne, &
peu conuenable aux regles de la prudence, & aux moyens
de rendre ſon nom cognu auec loüange au monde. Vous
auez creu eſtre aſſez de rapporter ce qu'il propoſa à voſtre
deſaduantage, & par le ſeul recit & peu de compte que
vous en auez tenu, teſmoigner que ce n'eſtoit pas de luy
que vous apprehendiez les orages qui vous deuoient nuire.
Le mal qui vous arriue par vos Commiſſaires eſt plus
dangereux : deſquels quoy que la derniere ſentence ne
puiſſe à mon opinion eſtre aſſez conſiderable pour vous
fruſtrer de toute recompenſe, elle le pourra eſtre neantmoins pour la rendre fort diminuée de ce qu'autrement
elle euſt peu eſtre.

Notez.

Or pource que par vostre lettre vous auez desiré que ie
vous donne mon sentiment sur les quatre poincts de ladite
derniere sentence de vos Commissaires; Ie vous diray,
Monsieur, que l'amitié qui est entre vous & moy depuis
long temps est assez forte, pour nous donner la liberté re-
ciproque de nous entre-communiquer nos petites pensées
sur les subiets qui se rencontrent, sans crainte ny ap-
prehension quelconque que nous prenions en mauuaise part
nos opinions & libres aduis de ce que l'on nous demande.
L'ingenuité de nos humeurs nous fait receuoir auec plai-
sir ce que nous approuuons ou improuuons en nos mutuelles
opinions des choses. Nous ne nous en seruons pas par aucune ostentation, uanité, enuie, ou mespris de ce qui se dit,
soit pour ou contre nosdites opinions, mais pour tascher
d'apprendre la verité par la concorde de nos aduis s'ils
sont semblables, ou par la concertation amiable de nos
raisons s'ils sont dissemblables, afin tousiours d'en des-
couurir la verité. C'est en ceste assiette de mon esprit que
ie vous diray naïuement ce qu'il me semble de vostre pro-
position touchant les Longitudes, & en la matiere & en la
forme que vous l'auez traittée deuant vos Commissaires,
& du iugement ou sentence qu'ils en ont donné.

Quant à la matiere ou science mesme des Longitudes
terrestres, ie ne diray rien ny de son excellence, ny de l'utilité qu'elle apporte, ny de la difficulté qu'il y a à la trouuer, tous les Mathematiciens des siecles passez, & vous
en vostre liure, en auez abondamment parlé. Ie vous diray seulement (ce en quoy ils conuiennent tous) que ce
n'est pas tant la science demonstratiue des longitudes qui
porte l'utilité requise, comme la pratique & l'usage d'i-
celle sur la mer & sur la terre. Quant à la science mesme, pardonnez-moy si ie ne croy pas qu'elle soit entiere-
ment & uniquement astachée à la cognoissance de ba bin-

gitude des planetes, la nature peut auoir d'autres moyens pour la trouuer, quoy qu'à nous encores incognus, comme par l'aymant, ou autre: les eclipses mesmes bien obseruées ne requierent pas la cognoissance de la longitude de la Lune ny d'aucun planete, & n'ont besoin que de la cognoissance precise du temps qu'elles se font, commencement ou fin d'iceluy, comme vous sçauez mieux que moy. La science que vous auez demonstrée sur les fondemens par vous posez, & accordez par vos Commissaires, est tellement certaine, que nul, selon mon opinion, ne pourra trouuer à redire à vos demonstrations. Ce sont des propositions des triangles spheriques adaptées aux obseruations prises des estoiles fixes & planetes. Elles ont esté mises en vsage par tous les Astronomes depuis l'inuention des sinus; Tychon, Landsbergius, Kepler, Longomontan, & deuant eux Regiomontan, & autres, s'en sont seruis. C'est vne voye ordinaire de venir en la cognoissance de la longitude & latitude d'vne estoille par sa declination & ascension droicte, ces deux icy dependans de l'obseruation de ladite estoille & de sa distance d'vne autre cognuë, ou de son azimuth.

Mais vne des suppositions sur laquelle vous auez fondé vostre doctrine pourroit receuoir quelque doute. Car ie ne pense pas que iamais on puisse venir à vne telle precision des tables des mouuemens planetaires, que de trouuer à poinct nommé le lieu de la longitude d'vn planete iusques à vne ou deux minutes prés, & notamment de la Lune. Il y a prés de 12. ans que i'ay vn obseruateur qui a obserué auec autant de precision qu'aucun autre de l'Europe, (ie l'ose dire) toutes les planetes, tant qu'il les a pû commodément voir à cause de la situation du lieu de sa demeure parmy les montagnes, qui l'ont empesché de voir Mercure que fort rarement. Il a prins leur distance des

estoilles

Voyez ma response.

Notez.

Voyez ma response, & ce qu'il dit en la suitte de sa lettre.

estoilles fixes cognuës, par lesquelles i'ay supputé leurs longitudes & latitudes ; mais iamais la precision des tables
n'a pû venir constammēt à 2. minutes prés, hormis en Mars,
auquel veritablement les tables Rodolphines conuiennent Notez.
auec le Ciel le plus souuent à vne ou deux minutes prés :
mais nul des autres planetes n'a eu ses tables si bien com-
passées, que de venir à ceste precision constante. Quant à la
Lune, il ne s'est iamais mis en peine de l'obseruer à cause
de ses parallaxes, refractions, & difficulté de trouuer son
centre en l'obseruant ; mais depuis que i'ay apprins vostre
methode & vos pinnules, i'essayeray de la luy enseigner
afin de la pratiquer & s'en seruir. Ie me suis mesmes
mis en deuoir de verifier les tables Tychoniennes des fixes,
& ay trouué qu'elle est en plusieurs endroits erronée, &
que les supputateurs ont manqué en marquant les longitudes & latitudes de quelques-vnes desdites fixes, de- Voyez ma
duites par les triangles sur leurs hauteurs meridiennes response.
& distances obseruees. I'en ay quelques-vnes en mes petites remarques à Grenoble, mais icy ie suis destitué de
tous mes liures. Pour bien donc verifier ladite table, il
faudra repasser & recalculer les obseruations de Tychon,
& apres s'asseurer de la verité, comme i'en ay fait en
quelques-vnes. De toutes les tables planetaires il n'y en
a point de si douteuses que celles de la Lune, à cause de tāt
de precautions qu'il faut auoir à chercher son lieu, aus-
quelles toutes il y peut auoir de l'erreur. Premierement,
il y a vne double equation du temps qu'il faut obseruer,
l'vne generale pour le Soleil & autres planetes, & l'autre particuliere pour la Lune, de laquelle Tychon fait
mention. Or ceste generale est encores si incertaine, que Voyez ma
Kepler (s'il m'en souuient) en propose trois sortes si diffe- response.
rentes, & quelquefois si contraires entr'elles, que quand
l'vne doit estre adioustée au temps apparent, l'autre en

doit eſtre ſouſtraite : d'où vient que le lieu trouué par les tables par vne equation excede ou manque du meſme lieu trouué par vne autre equation, de plus de 4. ou 5. minutes en longitude. En ſecond lieu, le mouuement du Soleil, qui eſt le fondement de tous les autres eſt encores incertain : Tychon le met en vn endroit, Kepler en vn autre, Landsbergius en vn autre, & Longomontan en vn autre, &

Voyez ma reſponſe.

ſouuent diſtant l'vn de l'autre de 2. ou 3. minutes, Landsbergius ſouuent de 10. ou 12. En 3. lieu, la variation lunaire Tychonienne eſt different de celle de Kepler qu'il appelle demonſtratiue ; & neantmoins Kepler laiſſe à voſtre choix de vous ſeruir de l'vne ou de l'autre. En quatrieſme lieu, les ſuppoſitions de Landsbergius (qui croit auoir trouué la preciſion au mouuement des luminaires) font touſiours trouuer le lieu de la Lune different de celuy des autres tables, & s'ils ſe rencontrent les meſmes, c'eſt vn cas d'auenture. Puis donc qu'il eſt indecis auſquelles tables il faut le plus adiouſter de foy ; iugez quelle foy il faut auoir à la recherche des longitudes par le lieu de la Lune trouué par leſdites tables, iuſques à ce qu'elles ſoient rectifiées. Mais ſi par les obſeruations elles eſtoient bien reſtituees, ie tiens voſtre inuention des Longitudes terre-

Notez.

ſtres & la plus aiſee & la plus prompte, & la plus aſſeuree que l'on ſe puiſſe imaginer pour encores, iuſques à ce que le temps nous deſcouure quelqu'autre ſecret pour auoir ceſte cognoiſſance. Or d'eſperer encores vne ſi parfaite reſtitution des tables qu'elles puiſſent ſeruir à en ob-

Voyez ma reſponſe.

tenir les longitudes terreſtres, c'eſt choſe que ie n'oſe pretendre de quelque temps. Car il faut du temps encores pour faire des obſeruations preciſes, & outre cela il faut eſſayer de faire reſpondre les hypotheſes auſdites obſerua-tions : & durant ce temps-là quelque nouueauté ſe deſcouure aux mouuemens, pour laquelle il faut alterer leſ-

dites hypotheses; & par ce moyen on demeure touſiours en
des doutes & difficultez. Car à dire le vray, toute noſtre
Aſtronomie (ſelon ce que i'ay pû comprendre iuſques ici)
n'eſt que temporanée, & nos hypotheſes ne ſeruent que
pour les ſiecles durant leſquels elles ſe trouuent faites.
Les Tables de Ptolomée ne ſont plus de miſe, ny les Al-
phonſiues, ny meſmes les Pruteniques. Celles de Landsbergius, Longomontan, & Rodolphines ſ'approchent plus
de la verité qu'on rencontre par les obſeruations, & ces
dernieres plus que les autres pour les cinq petites planetes. Landsbergius promet beaucoup de la verité des ſien-
nes pour les luminaires. Ie feray obſeruer la Lune ſelon
vos enſeignements, & apres en ſçauray dire quelque choſe. Voila, Monſieur, ce qui me ſemble de l'vne des ſuppoſitions que vous auez poſee pour fondement à voſtre
ſcience des longitudes terreſtres, qui ſont les tables planetaires & celles des fixes.

L'autre, qui concerne les obſeruations, eſt tres-veritable, aiſee, & expoſee aux operations de quiconque ſera
propre à obſeruer, & aura des inſtruments de M. Ferrier
ou autres ſemblables. Il y a veritablement bien de la fa-
çon à eſtre exact obſeruateur; il y faut eſtre ou né ou habitué afin de garder les preciſions neceſſaires : mais on en
peut venir à bout auec toute ſorte de ſenſible preciſion,   Notez.
requiſe pour voſtre ſcience. Ie vous ay parlé cy deſſus
d'vn excellent obſeruateur que M. Caſſend a voulu voir
chez luy. C'eſt vn Iardinier de Monſeigneur le Duc de
Crequy, demeurant à Vizile à deux lieuës de Grenoble,
auquel apres auoir recognu ſon inclination aux Mathematiques, & particulierement à l'Aſtronomie, i'enſei-
gnay quelques principes, & luy donnay des liures en
François ſur ceſte matiere. Il print plaiſir de les lire &
entendre iuſques à tel poinct, que de ſoymeſme il apprint

toute la pratique de la doctrine des triangles : & fit vn
Octans de bois de plus de trois pieds de semidiametre,
marqué de sa main de toutes les minutes de chacun degré, duquel il se sert auec vne precision merueilleuse de
ses obseruations quand il en a le loisir. Ce seroit vn homme propre à obseruer s'il estoit en lieu plain auec des instruments propres, & moyen de viure sans trauailler de
ses mains comme il fait. Il se nomme Ozias Feroncé Pi-
card de nation ; mondit sieur Gassend l'a souuent admiré. Ce seroit vn homme propre pour telles obseruatious, qui
seroient suffisantes pour la restitution des tables planetaires.

Ie vous diray maintenant mon sentiment sur la forme
que vous auez tennë à traitter ceste matiere des longitudes, & croy que vous y auez procedé tres-habilement &
tres-prudemment ; ne declarant pas à Messieurs vos Commissaires vostre intention, qu'apres auoir au prealable ietté les fondements & propositions precedentes accordées
par eux, sans qu'ils sceussent où vous tendiez ; afin que
sur les choses accordées par eux mesmes, vous les puissiez
contraindre à accorder aussi vostre conclusion, qui suiuoit
de vos premices par la necessité de la consequence. Et vostre precaution a esté tres-iudicieuse de faire signer par le
Secretaire de la commission toutes les propositions dictées
de vostre bouche apres auoir esté publiquement contestées
par lesdits Sieurs Commissaires & par eux accordées.
Car ceste solemnelle publication, dictamen, & escriture
des choses par vous proposees & demonstrées où besoin
estoit, & par eux concedées & accordées, est vne grande
preuue de vostre fidele relation de tout le faict, & vne
puissante raison contre vosdits Commissaires : lesquels,
si vous reueniez à leur demander qu'ils vous accordassent
les mesmes choses qu'ils vous ont desia accordées, ne les

concederoient point , ou les limiteroient bien eſtroitement
auant que de les accorder. Il eſt doncques veritable que
ſur les fondemens par vous poſez & par eux concedez,
vous auez tres-exactement demonſtré ce que vous auez
proposé au commencement,qui eſt de trouuer en tout temps
& en tous lieux la longitude des lieux terreſtres pouuant
obſeruer les eſtoilles à ce neceſſaires. Car de voſtre calcul
& ſupputation ie n'en fay aucune doute. I'en ay faict
ſouuentefois pour les meſmes raiſons des lieux des fixes &
des planetes:mes experiences ſans nombre m'ont fait ſçauoir quelle difference le calcul peut apporter, en reſoluant
vos triangles tantoſt par vne propoſition des Spheriques,
tantoſt par vne autre, qui en bout du compte eſt peu conſiderable lors qu'on prend les nombres grands. Puis donc
qu'ainſi eſt de vos demonſtrations & ſupputations ſur
les fondements accordez; Il ſemble que la ſeconde ſentence
de voſdits Commiſſaires difficilement pourra eſtre ſouſte-
nuë les meſmes fondements poſez. Rien certes ne peut
eſtre adiouſté à la reſponſe que vous auez faite en voſtre
liure à tous ſes articles où vous auez remarqué toutes les
contrarietez de l'vne des ſentences à l'autre, & des articles de la premiere entr'eux-meſmes; vous les auez am-
plemēt deduites. En ſorte qu'en liſant voſtre liure on dira
que voſdits Commiſſaires vous ont peu equitablement
traitté, & auec peu de charité, principalement en leur
eſcrit à Monſeigneur le Cardinal (qui eſt leur Moni-
tum) que ie n'ay point veu que dans voſtredit liure. Vos
loüables trauaux à trouuer ce que l'on cherche auec tant
de ſoin depuis tant de ſiecles, ne deuoient pas eſtre comptez
pour ſi peu de faict, & mis à ſi bas prix qu'eux les vou-
droient mettre. Car il eſt veritable que nul de nos deuan-
ciers (que ie ſçache) a tant apporté de circonſpection &
des precautions en leurs obſeruations & en leurs moyens

Voyez mā
reſponſe.

Notez.

Notez.

Notez.

Notez bien.

de remarquer la Lune que vous. Vous auez remedié à
tous les manquements de Oronce, Gemma, Nonius, Ver-
ner, & autres, & auez parfaict ce qu'ils auoient com-
mencé. En ſorte que nulle difficulté ne peut maintenant
reſter en la Lune, ſi ſes parallaxes, refractions, & centre
peuuent eſtre bien & preciſément obſeruez. Nous attendons auec impatience voſtre traitté des parallaxes, que
vous nous faites eſperer ſi l'enuie de quelques-vns de ce
temps n'en retarde l'edition. Au faict des refractions il
y a quelque choſe à dire, elles ne ſont proportionnées à
l'éleuation du pole (comme il ſemble que vous vueilliez
inferer de vos diſcours) elles dependent de la qualité de
l'air du lieu de l'obſeruateur; aux montagnes du Dauſi-
né où nous viuons, les refractions ſont plus grandes que les
Tychoniennes, quoy que noſtre pole ſoit à 45. & le ſien à
56. degrez d'eleuation. Pour les auoir preciſés il faut que
chacun face ſon experience dans ſon lieu propre, & en
dreſſe des tables pour ſon vſage, qui au bout du compte en
vn lieu plain & air pur, ne differencieront gueres à mon
aduis, deſdites Tychoniennes.

Que s'il faut voir par le menu leurs reſponſes aux quatre articles propoſez, & en dire mon ſentiment : Ie vous
diray ingenuement, Monſieur, qu'en la premiere ces Meſſieurs les Commiſſaires ſe ſont ſeruis de ce mot (Genera-
liter) pour couurir ce qui leur pourroit eſtre obiecté ſur
ce chef là; car ils n'ont voulu dire autre choſe (ſi bien
i'entens leur aduis) que les moyens de chercher & trouuer les longitudes par le lieu de la Lune, auoiët eſté propoſez deuant vous generalement parlant par d'autres: mais
non pas auec toutes les precautions que vous y auez obſer-
uées, ny en tant de ſortes que vous les auez demonſtrées, ny
auec tant de preciſion, & en cela ils ne vous ont point fait
de tort. En la ſeconde reſponſe au 2. article, ils ont vſé de

ce mot (Absolutè loquendo) pour encores couurir leur
opinion : mais elle est directement contraire à ce qu'ils a-
uoient accordé au commencement, principalement au fait
des obseruations ; lesquelles, & selon leurs concessions &
selon la verité de la chose, peuuent estre faites, & se font
auiourd'huy auec toute la precision necessaire pour vostre
dessein quant aux estoilles fixes & moindres planetes ; & **Notez.**
se pourront faire en la Lune mesme en y apportant vos
precautions. De mesme en la response au 3. article ces
Messieurs se retractent de ce qu'ils vous auoient accordé
au commencement. Bien qu'en effect il soit tres-veritable que les tables de la Lune ne soient auec la precision
necessaire, & qu'en la multiplicité de plusieurs supputa- **Voyez ma**
tions de plusieurs triangles il y peut naistre quelque lege- **response.**
re erreur. D'inferer neantmoins de là ce qu'ils mettent
au commencement de leur response à cét article, que vostre
doctrine est inutile & presque impossible en sa pratique
sur la mer & sur la terre, est ce me semble contre la raison, **Notez.**
& sans consequence necessaire (sauf l'honneur que ie doy
à de si grands personnages.) En mon particulier ie croy
que ceste forme d'obseruer la Lune donnera de grandes
lumieres à chacun qui s'en pourra prendre garde pour.
examiner la longitude de son lieu au plus prés ; veu principalement que les occasions de l'obseruer se rencontre-
ront souuent & en tous horizons, soit sur la mer ou sur
la terre. Et ainsi en leur response au 4. article ces Messieurs ont esté ce me semble, vn peu trop seueres censeurs.
Car si le moyen de restituer les tables seul & vnique est
par les obseruations, & si le moyen d'obseruer la Lune
par vous proposé est le meilleur & le plus exacte qu'on ait **Notez bien**
encores proposé : Ie ne sçay pourquoy ils disent que les tables **pour la re-**
ne pourront iamais estre restituées par ce moyen là. En **formation**
vain tous nos predecesseurs auroient trauaillé à leur re- **des Tables.**

B iiij

ſtitution par les obſeruations, ſi les obſeruations ne ſer-
uoient de rien. Et en effect nous ne pourrons iamais ſçа-
uoir aucune choſe au ciel ſi nous ne l'apprenons par ceſte
voye là ; & quiconque fera ſes obſeruations les plus exa-
Etes, donnera le moyen le plus aſſeuré pour rectifier lec hypotheſes, & fonder ſon calcul pour trouuer le vray lieu
de la planete ou fixe obſeruée. C'eſt ce qui me ſemble
ſuccinctement de la ſeconde ſentence deſdits ſieurs Commiſſaires.

Maintenant auant que finir, ie vous diray mon ſentiment auſſi ſur l'Epilogue de voſtre liure qui contient toute voſtre doctrine des longitudes, & comme ie m'aſſeure
vous ne prendrez pas en mauuaiſe part ma franchiſe. Ie
croy que le 4. article eſt trop reſtraint, & qu'outre la
Lune & moyés Aſtronomiques, il y en peut auoir quelque
autre pour la cognoiſſance des longitudev : Et la conſe-
quence ne ſera pas neceſſaire, les latitudes des lieux ne ſe
peuuent cognoiſtre que par les raiſons de l'Aſtronomie &
obſeruations des eſtoilles ; il en eſt doncques de meſme des
longitudes. Ioint qu'il ſe peut faire qu'on puiſſe cognoiſtre les latitudes meſmes par d'autres voyes, comme l'on
l'a voulu indiquer par l'aymant, ſelon Gilbertus. La meſme choſe ſe peut dire ſur le 2. article. Les 3. & 4. articles doiuent eſtre accordez ſelon mon opinion & la verité.
Non pas le 5. pour les raiſons cy deuant alleguées. Le 6.
peut eſtre en quelque ſorte concedé, pour les raiſons par
vous rapportées aux pages cottées en l'article. Le 7. eſt
tres-veritable, car nul des anciens ny modernes Aſtronomes (que ie ſçache) n'a tant apporté de precautions que
vous à l'obſeruation preciſe de la Lune ; quoy que toutes
vos propoſitions adaptées à la Lune ayent eſté baillees
ſouuent & par pluſieurs auant vous en leur doctrine
ſpherique pour les eſtoilles fixes, Soleil, & moindres pla-

Voyez ma reſponſe ſur chacun article.

netes. Le 8. est veritable quant aux obseruations, suppo-
sée la verité des tables. Le 9. a quelque verité aussi (comme desia i'ay cy dessus dit) mais il est aussi veritable que
dans la multiplicité des supputations de plusieurs triangles il peut arriuer souuent l'erreur de 1. ou 2. minutes
au plus, en faisant les operations ou par les Sinus seuls,
ou les Sinus meslez auec les Tangentes & Secantes: es-
sayez-le & vous le verrez. Le 10. est en partie veritable; car nul que i'aye cognu n'a remarqué tant de precautions necessaires pour l'obseruation de la Lune que
vous, & par consequent pour rectifier le lieu de la Lune, & restituer les tables moyennant la correction des
hypotheses où besoin seroit: mais il ne faut pas pour
cela limiter & restraindre ce me semble toute la science des longitudes là, puis que ie m'asseure que vous ne
nierez pas que l'obseruation des eclipses ne soit vne partie de l'inuention desdites longitudes, laquelle vous premier n'auez pas trouuee. Quant à la 11. il me semble
que vous ne deuiez pas renuoyer la pratique de vostre
doctrine apres la restitution des tables, car vostre doctrine suppose les tables, & sur ceste supposition vous a-
uez fait vos supputations, qui est vne partie de la
pratique, & l'obseruation l'autre. Et de renuoyer la
pratique à ceste restitution; c'est presque rendre vostre
trauail infructueux pour le present, & par ce moyen
differer vostre recompense iusques à la restitution desdites tables, qui est vn temps bien incertain encores.
Car vos enuieux pourront dire à Monseigneur le Cardinal
que dés que l'on pourra tirer le fruict de vostre doctrine
en effect par la pratique sur la mer ou sur la terre, on aura
égard à vostre remuneration. Le dernier article est fort
veritable, posée l'exacte obseruation de la Lune telle que
vous l'auez enseignée par vos nouuelles pinnules.

Notez.

Voyez ma
responce à
cecy.

Voila, Monsieur, ce que i'ay pû respondre à vostre lettre, & mon sentiment sur les chefs de vostre liure, & la seconde sentence de vos Commissaires, desquelles ie ne deurois pas iuger les opinions, comme peu entendu & ignorant que ie suis de telles matieres : mais parce que vous l'auez ainsi desiré, & que vous me faites l'honneur de m'aimer, i'ay hazardé mon sentiment pour vous complaire. Vous excuserez, s'il vous plaist, cependant la prolixité de ma lettre, & la confusion du discours qui y est, Ce que vous ne trouuerez pas estrange quand ie vous auray asseuré qu'elle a esté escrite à plus de vingt reprinses, ayant esté à tout moment interrompu durant ce voyage, pour la diuersité des logis qu'il falloit changer de iour à autre, ou par les visites & autres diuertissemens depuis mon arriuée en ce lieu, où i'estois venu attendre Monseigneur le Comte de Sault, & d'où ie pars auiourd'huy pour m'en retourner à Grenoble auec luy, & où i'espere d'y estre le 5. du mois prochain. Ie porte ma lettre auec moy à Lyon pour la mettre là à la poste, Monsieur Gillier maistre d'hostel du Roy logé en la ruë Sainct Antoine vis à vis du petit S. Antoine, vous la rendra, & receura de vous vos lettres s'il vous prend fantasie de m'en escrire aucune, si mieux vous n'aimez la mettre à la poste, & l'addresser à Monsieur du Lieu Intendant du Bureau de la Poste à Lyon pour me la rendre : si elle tombe entre ses mains, elle me sera asseurément renduë. Vous m'y marquerez, s'il vous plaist, le lieu de vostre habitation pour y addresser aussi vos lettres quand ie vous escriray. Ie bailleray le memoire de vos liures a vn Libraire de Lyon pour en recouurer. I'en feray de mesme à Grenoble, à grand peine se trouuera-il deux ou trois hommes à Grenoble qui les entendent. I'ay donné ordre à Paris de m'acheter tout ce que vous auez mis en lumiere

que ie n'ay point, comme vos Triangles ou Trigonomé-
trie, & tous les autres des Parallaxes, Planiſphere, & ſemblables matieres quand ilſ ſeront mis au monde ; ce que
ie ſouhaitte de voir bien toſt pour voſtre gloire, & le bien
& contentement du public. Si Monſieur Ferrier tra-
uaille apres les inſtruments Mathematiques, & qu'il
vueille prendre la peine de m'en faire, ie les luy payeray
connenablement. Vous en ſerez le iuge, à qui ie remet-
tray tous mes intereſts, & en ceſte matiere là & en toute autre, puis que ie ſuis veritablement,

MONSIEVR,

Voſtre tres-humble ſeruiteur, &
tres-affeƈtionné amy,
DE VALOIS.

De la Bazole ce
25. d'Oƈtobre
1634.

Extraict de la lettre de Monsieur le Prieur de la Valette.

APRES auoir grandement loüé & eſtimé ce que i'ay fait contre le mouuement de la Terre ; & confeſſé qu'à raiſon de ce i'ay beaucoup merité, il pourſuit ainſi.

I'en dis fort ingenuëment autant de voſtre liure des Longitudes par le mouuement de la Lune ; auquel vous auez tres-doctement trauaillé ; amplifié & enrichy par des problemes tres-veritables, & bien demonſtré le moyen & l'art de ſçauoir la longitude des lieux de la Terre par ledit mouuement : Et penſe que perſonne quelconque elle ſoit, notamment de bonnes lettres, ne vous doit enuier : voire mais il vous doit procurer vne tres-honneſte recompenſe, pour vous exciter dauantage, auec ceux qui trauaillent comme vous à la cognoiſſance de la verité & du bien public, de continuer & vous donner moyen de ſouffrir ces trauaux.

Et plus bas. *I'entens que vous auez doctement trauaillé en ceſte ſcience ; en ayant dreſſé tout vn volume, enrichy de tres-bons, nouueaux, & veritables problemes, leſquels pour la meilleure part n'auoient eſté ſpecifiez par aucun autheur cy deuant.*

Et plus bas. *Car d'auoir la vraye parallaxe des planetes ſuperieurs à la Lune, il faut attendre à mon aduis que quelque Nature celeſte auec ſon inſtrument ſoit tombée du Ciel pour obſeruer. Car pour les hommes, le petit exercice que i'ay fait & ſay d'obſeruer depuis 40. ans, me fait deffier de 2. & 3. minutes en tout inſtrument.*

Or quand il y auroit non seulement deffiance, mais erreur en effect de 2. ou 3. minutes, cela fait plus pour moy que contre moy: qui concede 2. minutes d'erreur en chacune des observations partiales. Sans parler que l'instrument estant garny des inuentions pour mesurer les minutes que i'ay proposé és pages 52. 53. & 54. de mon liure; on obseruera bien plus iustement que sans icelles, comme fait Monsieur le Prieur de la Valette.

Extraict de la lettre de Monsieur Gassend, Theologal de Digne.

POVR *vostre inuention de la science des Longitudes que vous auez publié, ie vous diray en premier lieu; Que i'ay grandement admiré, & me suis infiniment resiouy, de voir à quel poinct vous auez porté ceste cognoissance. Aucun que ie sçache n'estoit point encor allé si auant: & c'est pour cela que i'ay creu que vous meritiez & loüange & recompense.*

Apres auoir proposé plusieurs difficultez de la part des Tables & de l'obseruation: Et particulierement qu'il y a peut-estre encor quelqu'autre moyen en la Nature pour auoir la longitude de iour & de nuict sans voir la Lune, & quelque tempeste qu'il face; il poursuit ainsi. *Il est bien vray que si on ne la peut auoir que du costé du Ciel, & qu'il faille seulement s'en rapporter à la Lune; non seulement vous auez enchery pardessus tous ceux qui en ont parlé iusques à vous; Mais ie ne voy pas mesme qu'on puisse adiouster grand chose à ce que vous en auez declaré.*

Et plus bas apres auoir regretté le defordre arriué entre mes Commiſſaires & moy, & dit qu'il ne peut croire que ie ne leur aye donne ſubiet de s'aigrir de la ſorte contre moy, (dont ſçauent le contraire tous ceux qui furent preſens à mon action , qui virent l'honneur & la loüange que ie leur rendis publiquement, meſmes iuſques à l'action de graces apres leur premiere ſentence) il continuë ainſi. *Car au reſte il me ſemble qu'ils ne ſe ſeroient point faiſt de tort, quand ne voulans point aduoüer, que vous euſſiez donné à ceſte cognoiſſance la derniere main :* (il dit cecy à cauſe des Tables) *ils auroient neantmoins declaré, que vous l'euſſiez porté beaucoup au delà de ce qu'en auoient atteint tous ceux qui s'en eſtoient meſlez deuant vous. Cela , à mon aduis, euſt eſté ſuffiſant pour vous faire obtenir voſtre recompenſe , & ce vous euſt eſté aſſez.*

Voila l'approbation de la verité de la ſcience par moy donnée,& de ſa nouueauté, perfection & merite : renduë par les trois plus experimentez & fameux Aſtronomes que nous ayons en France ; aux paroles deſquels ie ne ſuis pas homme à rien changer.Que ſi quelqu'vn en cecy doute de ma fidelité pour me mal cognoiſtre ; ie luy feray voir les originaux quand il luy plaira. Par laquelle approbation appert du tort inſigne que m'ont faiſt mes Commiſſaires.

Responſe du Sieur Morin, à la lettre de Monſieur de Valois.

MONSIEVR,

I'ay receu celle que m'auez fait l'honneur de m'eſcrire par Monſieur Gillier Me d'hoſtel du Roy, qui a prins la peine de me l'apporter en mon logis auec vn ſoin fort particulier, dont ie luy ay beaucoup d'obligation, & vous fay reſponſe par la meſme voye. Ie ne vous peux exprimer le contentement que i'ay eu de voir que mes inuentions Aſtronomiques aggreent à ceux qui ſont du meſtier, comme à vous parmy les plus ſçauans qui s'en meſlent. Et que vous ayez eſté touché d'vn ſenſible regret, & d'vne compaſſion extraordinaire, pour le tort inſigne qui m'a eſté fait par mes Commiſſaires, leſquels bien qu'ils continuent à bander tous leurs reſſorts pour s'oppoſer à ma recompenſe & ruiner ma reputation ; pour le moins ne pourront-ils empeſcher que ie ne reçoiue ſemblables offices de pieté & charité par tous les gens de bien. Vous m'auez fait faueur ſignalée non ſeulement de m'expoſer auec quelle impatience & auidité vous auez veu mon liure, mais encor de me dire librement voſtre aduis ſur tout le contenu d'iceluy : Et vous peux aſſeurer que voſtre lettre a eſté grandement eſtimée dans les meilleures compagnies de Paris ; où ie l'ay fait voir ſur la priere qui m'eſtoit faite par perſonnes capables de ces ſciences : Mais il n'eſtoit point neceſſaire d'vſer en mon endroit de tant de precautions pour me faire aggréer voſtre ingenuité ſur ce faict; laquelle n'ayant pour but que la recherche de la verité sans aucune flaterie, ne peut qu'eftre bien receuë de tous, & particulierement de moy qui sur tous les hommes aime l'ingenuité : Auffi ie croy qu'aurez pour agreable que ie refponde à vos fentimens en toute candeur & amitié, le plus fuccinctement qu'il me fera poffible. Ce que ie fay d'autant plus volontiers, que ie ne voy pas qu'entre nous y ait aucune difficulté; mais eft feulement befoin en quelques endroits de vous dire mon fens. Doncques i'approuue la methode de trouuer les longitudes des lieux par les eclipfes bien obferuées : mais puifque telle methode eft ja cognuë dés long temps, ce n'eft donc pas la vraye fcience des longitudes qu'on demandoit par les aftres, & de laquelle ie me vante; mais vn probleme particulier pc . vn feul moment de temps en 6. mois ou vne année : & probleme encor fi imparfaict, que mefmes il ne peut eftre executé, ny par vn feul homme, ny en vn feul lieu. Or ie dis que la fcience qu'on demandoit ou qu'on peut demander par les aftres, & qui eft la vraye fcience des longitudes, n'eft autre que celle que i'ay donnée. Voyez, s'il vous plaift, les pages 58. 59. & 60. de mon liure. De dire qu'on peut trouuer les longitudes terreftres fans Aftronomie, comme par l'aymant ou autre corps, c'eft ce que non feulement on n'a pû faire iufques icy qu'auec tel mefconte, qu'on eft contraint de chercher autre voye: mais il ne me femble pas mefme qu'il foit faifable par l'aymant. Si pour tous les lieux de la terre où on peut aller, & pour tous ceux d'où on y peut aller, on auoit la vraye & confecutiue declinaifon de l'aiguille aymantée pour le plus court chemin qui

eft

est d'vn lieu à l'autre ; il est certain qu'on auroit la
vraye science pratique des longitudes terrestres par
l'aymant. Mais comment & quand sera trouué ce
plus court chemin ? Et qui entreprendra ces Tables
infinies en nombre pour tout le rond de la terre ?
veu que Monsieur de Beaulieu Capitaine de mer
des mieux versez en la nauigation, & qui a esté vn de
mes Commissaires, s'estant (comme il m'a dit) rencontré auec Barthelemy Schouten vers le Iapon, ils
recognurent entr'eux que l'aiguille aymantée en
800. lieuës sous mesme Meridien, auoit varié sa de-
clinaison de 16. degrez, & en 500. lieuës sous mesme
parallele ne l'auoit point varié ; sans parler de plusieurs Meridiens sous lesquels elle ne decline point ?
Quel moyen, ie vous prie, de se regler là dessus pour
establir quelque principe de science, ainsi qu'en vain
s'est efforcé le sieur de Castelfranc ? Monsieur de
Beaulieu m'a encore dit qu'il auoit rencontré vn
pilote de grande reputation qui se vantoit de quelques semblables Tables pour quelques lieux parti-
culiers ; mais qu'à ses amis & confidens il disoit franchement que ce n'estoit que confusion, & ne s'y
fioit point ; aimant mieux nauiger par l'estime en
laquelle il estoit fort expert. Que si au ingement &
à l'experience des plus grands pilotes il n'y a aucune
certitude en l'aymant, qui seul entre les mixtes à
nous cognus en la Nature, combat pour la gloire de
ce subiect ; n'ay-ie pas iuste occasion de dire que la
vraye & certaine science des longitudes terrestres
depend de la seule Astronomie : puis que hors les
Astres on ne sçait rien en la Nature à quoy on se puisse asseurer ? Car de dire qu'en la Nature y a peut-estre
quelqu'autre corps qui fera mieux que l'aymant, ie

ne voy pas que vous foyez mieux fondé à le dire,
que moy à le nier ; & ie n'empefche aucun de le
chercher : Mais auffi cela n'empefche que ie n'aye
donné vne fcience vraye, qui felon vous-mefme fe
peut pratiquer, & qui eft vne chofe toute trouuée.

Or parce que la pratique des longitudes par les
Aftres depend de la precifion des Tables,& de l'exa-
&te obferuatiõ : Vous dites en premier lieu que vous
ne penfez pas que les Tables principalement de la
Lune, puiffent eftre réduës precifes à 1.ou 2.minutes
prés. Mais pourquoy vous defefperez-vous de la
forte, puis que vous confeffez que les Tables de Mars
font precifes à 1. ou 2. minutes prés, ainfi que vous
mefmes anec d'autres recognoiffez par vos obferuations? Né me confefferez-vous pas encor, qu'a-
uant Kepler qui a pris Mars du bon biais les Tables
de Mars eftoient les plus erronées, apres celles de
Mercure, dont la Theorie eftoit autrefois fi emba-
raffée de cercles & d'Epicycles ,laquelle Kepler a
renduë fi precife par vne feule Ellipfe? Pour moy
i'efpere que bien toft quelqu'vn fera de la Lune ce
que Kepler a fait de Mars : puis que felon voftre
confeffion & la verité, i'ay donné les meilleures methodes de trouuer le vray lieu de la Lune qu'on ait
iamais trouué,& ay opinion que la vraye theorie de
la Lune eft beaucoup plus fimple & aifée qu'on ne
penfe. Voyez celle de Landfbergius.

Mais vous apportez de tres-grandes difficultez
pour les Tables de la Lune, à fçauoir fes parallaxes
iufques icy incognuës,la double equation du temps,
la differente variation lunaire & autres. Quant aux
parallaxes de la Lune, il eft vray que c'eft toute la
plus grande difficulté de l'affaire, & dont ie penfe

qu'il arriue plus d'erreur ; car la vraye ſcience des parallaxes propre à l'vſage pour la reformation des Tables n'a eſté cognuë deuant moy ; qui l'ay inuentée toute complette, & en ſa perfection, non moins certaine que celle que i'ay donné des longitudes : mais beaucoup plus ſubtile, & neantmoins plus facile, laquelle meſmes ne ſuppoſe pas les Tables de la Lune ou autre corps celeſte dont on cherche la parallaxe : de ſorte que vôila vn grand poinct gaigné. Et pour le regard des autres difficultez, ne penſez-vous point que l'ignorance des parallaxes & les trois erreurs des anciens commis en la fabrique de leurs Tables rapportez en mon liure page 28. peuuent eſtre cauſées des differentes equations de temps, des differentes variations lunaires, & des differentes tables du Soleil & de la Lune ? Et que chaque Aſtronome trouuant en ſon temps ou ſous ſon Meridien vn trou à bouſcher, y ait mis telle cheuille qu'il s'eſt pû imaginer pour ſauuer ſes hypotheſes durant ſa vie comme il pourroit ? Vous voyez donc bien & icy & en mon liure, quel eſt mon ſentiment des tables : à ſçauoir que pour les longitudes terreſtres il ne ſe faut fier aux Tables de la Lune données par quelque Aſtronome que ce ſoit, qu'elles n'ayent auparauāt eſté rectifiées par mes methodes : Auſſi bien que celles du Soleil par ſes hauteurs meridiennes & declinaiſons, comparées à celles de l'Ecliptique. Et auez tres-bien dit que toute noſtre Aſtronomie n'eſt que réporaire, ayant beſoin de téps en temps d'eſtre reformée, comme i'ay auſſi marqué és pages 157. 158. Doncques de ce que deſſus ſ'enſuit pluſtoſt, qu'on peut corriger les tables de la Lune à la preciſion requiſe pour mon deſſein, que le con-

traire; comme vous mefmes concluez par tres-forte
ratiocination contre le 4. article de la fentence de
mes Cõmiffaires. Et en fomme il n'y a qu'à l'effayer
& les entreprendre, puis qu'ayans vn moyen tres-
affeuré de trouuer le vray lieu de la Lune & fes parallaxes, nous auons vn auantage incomparable fur
tous les Anciens & tout le principal de l'affaire.

Quant à l'obferuation, ie fuis merueilleufement
aife de voir ce que m'en efcriuez ; car mes Iuges qui
ne fçauent que c'eft que d'obferuer, fondent leur
plus grande difficulté fur l'impoffibilité de la precifion requife en l'obferuation pour les longitudes
terreftres: Mais vous qui eftes habitué aux obferuations depuis long temps affeurez du contraire. Ces
Meffieurs auroient bon befoin d'aller apprendre de
voftre Iardinier Mᶜ Ozias Feroncé, tres-digne d'eftre
cognu & employé pour l'obferuation à la fabrique
des Tables auec bonne penfion.

Bien m'a faict befoin d'auoir gardé vn bon ordre
en mon action de l'Arfenal & en ma procedure. Et
fi ie me fuffe deffié de la malice de mes Commiffaires, i'aurois bien fait autre chofe ; mais i'ay efté mal-
heureufement trompé en l'opinion que i'auois de
leur amitié & probité. Vous dites qu'ils ne m'accor-
deroient pas à prefent ce qu'ils m'accorderent alors:
Mais ie ne voy pas comme ils m'empefcheroient de
les forcer : car toute mon affaire ne depend que de
l'obferuation, laquelle vous mefmes accordez poffible à la precifion requife pour mon deffein ; & de
la rectification des tables, laquelle eft poffible, comme appert cy deffus.

Pour l'examen & iugement que vous faites de la
fentence de mefdits Commiffaires ie n'y trouue rien

qui ne foit dit bien à propos. Et vous parlez en homme raifonnable ; Pleuft à Dieu qu'ils euffent amfi
iugé en leur derniere fentence, comme ils firent à
la premiere ; fans fe laiffer emporter à leur paffion
pour fe retracter, à deffein de m'empefcher la gloire
& la recompenfe que i'ay merité.

Finalement fur mon Epilogue ie vous diray, fauf
voftre meilleur aduis : Que la caufe pourquoy ie
tiens mon premier article vray, eft que tout ce qui fe
fera par l'aymant, foit pour les longitudes foit pour
les latitudes, ne fera iamais que coniecturel & fuject
à grand erreur : mais ce qu'on faict par les Aftres eft
fcientifique & va à la precifion requife. Voyez s'il
vous plaift, le Typhis Batauus pag 107. & mes calculs.
Ainfi en eft-il du 2. article. Le 5. encor me doit eftre
accordé ; car ie ne fuppofe pas des tables erronées
pour l'inuention des longitudes terreftres comme
il vous femble, autrement ie me conrredirois &
ferois vne folie : mais ie fuppofe des tables correctes, voyez mes raifons és pages cottées en l'art.
5. Sur l'art. 7. il eft vray que mes Elemens ou pro-
pofitions ne font pas nouuelles, mais leur applica-
tion pour auoir geometriquement le vray lieu de
la Lune, eft de mon inuention pag. 136. Sur le 9. art.
ie ne nie pas qu'en la multiplicité des fupputations
il ne puiffe arriuer quelque petit erreur d'enuiron
vne minutte à caufe du defaut des tables, des Sinus
comme vous fçauez trop mieux : mais cet erreur
ne m'empefche pas de trouuer le degré de longitude, ainfi qu'apert par mes calculs. Sur le 10. ie dis
comme deuant que l'inuention des longitudes par
les eclipfes n'eft pas la vraye fcience des longitudes
qu'on demandoit. Quant à l'art. 11. ie trouue eftran-

ge que vous vouliez que ie pratique & face efpreuue
de ma fcience fur des tables celeftes erronées, & fur
la Carte des lieux de la terre encore beaucop plus
pleine d'erreur: Car ce ne feroit pas fageffe à moy,&
n'en pourroit arriuer qu'erreur à ma confufion. Ie
vous ay ja dit cy deffus que ie ne fuppofe point d'autres tables pour la pratique que des correctes : & fi
bien en mes calculs i'ay fuppofé les tables Rodolphines, ie les fuppofe comme correctes, feulement
exempli gratiâ, pour preuue de la verité de ma propofition. Mais il ne faut pas s'attendre à pratiquer, que
les tables de la Lune ne foient correctes; & i'en laiffe
faire la correction à qui il plaira au Roy & à Mon-
feigneur le Cardinal la faire entreprendre. Ne me
voulant mefler en cét affaire que d'accomplir la
propofition par moy faite; ce que i'ay parfaictement
effectué felon vous mefme : Tant parce que ie n'ay
la veuë & le temperament propre aux obferuations
nocturnes; que parce que i'ay mon Aftrologie Gal-
lique en tefte, laquelle fi ie ne donne au Monde a-
uant ma mort, fera à mon aduis vne fcience perduë
pour iamais : Ayant refolu d'en pluftoft brufler tous
mes efcrits, qui ne font encor que memoires & con-
ceptions fans ordre, que de la laiffer imparfaicte ; de
peur que quelqu'vn apres moy n'embroüillaft les
efprits en cefte nouuelle fcience autant delicate
comme elle eft belle. Que fi on veut remettre ma recompenfe apres la rectification des tables ; en premier lieu cela fera contre ma propofition; pour l'ac-
compliffement de laquelle on m'a promis la recompenfe, & ie l'ay accomplie dés le 30. de Mars dernier,
comme vous confeffez. Apres cela, Dieu me vueille
donner patience, ie peux doncques bien dire que ie

ne verray iamais recompense. Car on ne sçauroit rectifier les Tables à la ptecision requise sans la vraye
science des Parallaxes; & ie ne la donneray point
que ie ne sois recompensé: veu principalement que
mes Commissaires & enuieux s'en mocquent par
tout, & disent que ce ne peut estre qu'vn larcin par
moy faict dans Digesæus, Hagesius, Ioannes Dee, &
autres, tout de mesmes que i'aydesrobé la science des
longitudes dans Oronce, Apian, Nonius, &c. Mais si
le liure se met en lumiere, vous pouuez estre asseuré
de voir chose toute nouuelle. Et partant ie ne doute point que tous les excellens hommes de l'Europe
qui comme vous desirent vne piece de telle importance & si necessaire pour le Ciel & la Terre, ne sou-
haittent auec moy que ie reçoiue bien tost ma recompense, de laquelle i'ay tousiours bonne esperance en l'equité & generosité de Monseigneur l'E.
Cardinal; quelque effort que facent au contraire, &
quelque faux bruit que sement mes Commissaires.

Pour les refractions dont i'oubliois à vous respondre, ie n'en suis pas dans le sentiment que vous pen-
sez, mais i'estime seulement que *cæteris paribus* elles
sont plus grandes aux parties Septentrionales; qui
est à mon aduis vostre mesme sentiment.

Finalement quant aux obseruations du vray lieu
de la Lune que promettez de faire faire à Mc Ozias,
c'est dequoy ie vous prie tres-affectueusement: Et
ce par le 4. probl. de mon liure page 68. où selon la
page 161. la Lune estant 2. ou 3. iours consecutifs au
cercle Meridien hors des refractions: à quoy la sai-
son de l'hyuer est propre, la Lune estant fort haute
quand elle est pleine; vous seruant de la Table des
parallaxes de Kepler ou de Landsbergius. Et si vous

C iiij

apprehendez l'erreur des parallaxes ou refractions, voicy vne autre excellente methode & de grande conſequençe, tirée de la pag. 111. & du ſcholie de la page 65. de mon liure. Ayant par le 4. probl. pag. 69. trouué l'aſcenſion droite de la Lune & l'heure; prenez dãs les Ephemerides la latitude de la Lune pour le moment de l'obſeruation (en quoy à grand peine vous tróperez-vous d'vne minute)car auec la latitude & aſcéſion droite de la Lune vous aurez la longitude par le ſcholie ſuſdit,ſans auoir beſoin de ſa hauteur ny de ſa declinaiſon : Ie vous prie que ie ſçache ſi celle-cy vous aggrée , car elle peut encor ſeruir au lieu du ſecret de la page 160 : mais il ne faut oublier à corriger l'aſcenſion droite de l'eſtoille pour le moment de l'obſeruation,ſuiuant la page 95. de mon liure, comme vous ſçauez trop mieux que moy. Ie croy qu'aurez du plaiſir de ces obſeruations, eſtant le premier qui recognoiſtrez au plus iuſte le vray lieu de la Lune,& quelles Tables ſont les meilleures ou de Kepler ou de Landsbergius, qui nous promet de ſi grandes merueilles : Car ayant vn ſi excellent obſeruateur,c'eſt choſe d'importance qu'en donniez le premier aduis. Mais ie vous prie auſſi me faire part au pluſtoſt de vos obſeruations,les recommandant bien à McOzias, dont i'honore fort le merite.

l'ay auſſi receu les lettres de Monſieur le Prieur de la Valette & de Monſieur Gaſſend,qui ſe ſont reſioüis de mon inuention,laquelle ils loüent & approuuent, me propoſans quaſi meſmes difficultez que vous. La principale de M.le Prieur eſt, qu'encore que Tycho Brahé ait eſté le plus excellent obſeruateur de tous les ſiecles paſſez; neantmoins dans ſa Table des eſtoilles fixes il y en a pluſieurs dont la longitude & latitude est erronée, comme on recognoist tous les iours en les obseruant. D'où luy & vous inferez que si Tycho a manqué en l'obseruation des estoilles, d'autres y manqueront bien ; & partant qu'il est tres-difficile d'obseruer exactemét. A quoy ie respód deux choses. La premiere, que Tycho luy-mesme n'a pas obserué plus de 1000. estoiles qui sont en sa Table ; ains s'en est fié d'vne partie à ceux qui obseruoient dessous luy ; en quoy ne se faut estonner s'il a esté deceu en quelques-vnes. La seconde, que les estoilles mal posées en la Table de Tycho n'estoient pas plus mal aisées à obseruer, que celles qui se trouuent bien posées au moins de mesme grandeur & lumiere : & n'estoient lors plus malaisées à obseruer, qu'elles sont à present qu'on les a bien obseruées : puis que vous & Monsieur le Prieur de la Valette, & autres en auez recognu l'erreur. Dont ie conclus euidemment que l'exacte obseruation est possible, comme vous mesme l'accordez ; & ie ne voy point de replique là dessus.

Monsieur Gassend entre autres difficultez me propose ceste-cy, que ie trouue plus considerable touchant la pratique de ma science sur la Mer par les Pilotes. *Ce n'est pas qu'ils ne puissent receuoir quelque secours de la pratique la plus exacte qu'ils pourront faire de vos problemes : Mais vous ne voudriez pas leur estre caution qu'ils peussent deuiner & estre asseurez d'estre à 10. lieuës prés d'vn tel banc, d'vn tel escueil, ny mesme d'vn tel port, ou d'vn tel Cap, ou d'vne telle Isle, s'ils ne la voyoient ou ne la cognoissoient point d'ailleurs.* A quoy ie résponds que ce seroit grande folie à moy d'en vouloir seulement estre caution sur Terre, iusques à ce que les Tables de la Lune soient reformées, & la Carte geographique bien restablie qui est extremement erro-

née. Ma raiſon eſt, Que ſi quelqu'vn me comman-
doit de pointer vne alhidade ou ligne viſuelle droit
à vne eſtoille qui paroiſt ſur l'horizon, & qui dans
la Table de Tycho a tant de longitude & tant de
latitude: Ie ne manqueray point auec mon Planiſphere ou autre inſtrument propre, à pointer la ligne viſuelle au poinct du Ciel qui m'eſt commandé.
Mais ſi l'eſtoille ſe trouue eſloignée de 2. ou 3. degrez de ce poinct pour auoir eſté mal poſée en la Table des eſtoilles, ſera-ce ma faute ſi ma ligne viſuelle
ne tombe ſur l'eſtoille? non certes, mais de celuy
qui m'a dit qu'elle eſtoit en iceluy poinct, & de celuy qui l'a mal poſée dans la Table. Tout de meſme
ſi ſur la Mer on me diſoit, menez-nous à vn tel Cap
qui a tant de longitude & latitude dans la Carte:
ou moy ou vn autre menera bien le vaiſſeau à ce
poinct du Globe par mes methodes; mais s'il s'en
faloit 100. lieuës que le Cap ne fuſt bien mis en la
Carte, comme i'ay ouy aſſeurer à Monſieur de Beaulieu du Cap de Bonne eſperance; qui eſt-ce qui ſe
prendra à moy ſi ſous le ſuſdit poinct du Globe on
ne trouue le Cap? Tout de meſme en eſt-il de ceux
qui me demanderoient ſur Mer, de combien de
milles nous ſerions eſloignez d'vne telle Iſle qui a
tant de longitude & latitude dans la Carte. Par où
ſe void tres clairement que c'eſt vne choſe abſolument neceſſaire pour la Nauigation, que de bien
reſtablir la Carte geographique, obſeruant ſur Terre la vraye longitude & latitude de chaque lieu: à
quoy mes aduerſaires meſmes confeſſent que ma
ſcience eſt propre, & ne l'oſeroient nier : & à ce que
i'ay dit cy deſſus ie n'y voy encor point de repartie.
Or i'ay voulu icy expoſer leurs difficultez & les vo-
ſtres, afin qu'on recognoiſſe, que ny eux ny vous ne

m'auez point voulu flatter, ny donner vne approbation sans la bien disputer par les plus fortes raisons
qu'on me puisse opposer.

Voila, Monsieur, ce que i'ay iugé à propos vous
respondre sur celle que m'auez fait l'hôneur de m'e-
scrire : & ce en toute franchise & amitié pour plus
grand esclaircissement de la verité entre vous &
moy, auquel ainsi que i'espere, le public participera.
Outre ce ie vous enuoye ma Trigonometrie que de-
siriez ; & vous diray que pour les Triangles Spheriques rectangles, ie ne me sers que des Theoremes
6. & 7. du 3. liure. Et pour les obliquangles, i'y ad-
jouste les theoremes 4.5.8.9.10.& 11. comme pouuez
voir en mes calculs, qui est la voye la plus facile de
toutes : Ie voudrois que le reste de mes œuures que
desirez fust en lumiere, pour vous en faire part
d'aussi bon cœur ; mais il faut voir quel moyen &
courage on me donnera d'y mettre la main apres
auoir veu ce que i'ay fait iusques icy. I'ay parlé à
Monsieur Ferrier pour vous faire des instruments,
qui m'a dit qu'il y trauaillera, & que seulement vous
preniez la peine de mander quel instrument vous
desirez, & de quelle grandeur, & on en fera le marché. Ce que ie pourray en cét affaire & tout autre
pour vostre seruice, vous le pouuez attendre de
moy, qui suis apres vous auoir humblement baisé
les mains, & prié Dieu qu'il vous tienne en santé
& en sa saincte grace,

MONSIEVR,

Vostre tres-humble, & tres-affectionné
seruiteur, I. B. MORIN.

A Paris ce 22. No-
uembre 1634.

RESPONSE AV SIEVR HERIGONE, *sur les Methodes par luy proposées pour l'inuention des Longitudes.*

'AY toufiours tenu le Sieur Herigone pour le plus fçauant Mathematicien de tous mes Commiffaires; mais qui neãt-moins (non plus que tous fes compagnons) n'a eu l'honneur d'eftre mis fur ma Commiffion des Longitudes, qu'après auoir efté par moy choifi & prié d'en vouloir eftre, puis nommé pour cét effect, ainfi qu'ils fçauent tous en particulier; & comme fçauent ceux qui les y ont mis: Ayant efté à mon choix d'en nommer d'autres auffi habiles ou plus habiles qu'eux. Mais y allant à la bonne foy pour l'amitié qu'ils me tefmoignoient, i'ay voulu confier mon honneur & ma fortune à leur capacité, probité & amitié; en quoy i'ay efté lourdement trompé. Or le Sieur Herigone ne f'eft pas contenté de foubfcrire à la derniere fentence contre moy renduë : Mais encor fur la fin de fon traicté de l'Art de Nauiger, a voulu luy mefme donner au public vne approbation de fa fentence : affeurant vn chacun qui l'en voudra croire, qu'elle eft veritable & iuridique.

De plus f'attaquant à la fcience des Longitudes par moy donnée, il ne dit point qu'elle foit fauffe, ny que ie ne l'aye bien demonſtré, (ce que pourtant il deuroit dire ſi la ſentence eſtoit veritable puis qu'elle porte cela :) mais ſeulement il la meſpriſe & met ſi bas au deſſous d'vne methode qu'il dit auoit inuenté, & laquelle il a faict afficher par les ruës de Paris pour le plus excellent ſecret qui ait encor iamais eſté trouué ; que ie ne penſe pas qu'il ſoit en ſon pouuoir d'arreſter ma ſcience en ſi bas lieu, & ſa methode en lieu ſi releué.

Mais auant que de venir à ce poinct, ie veux faire voir au Sieur Herigone, à ſes compagnons, & à tout le monde, combien il eſt difficile, voire impoſſible, de ſouſtenir vne faulſeté contre vn eſprit clair-voyant : Et ce propoſant diuerſes contradictions & abſurditez où il a eſté contrainct de ſ'embaraſſer pour plaſtrer ce qu'il a eſcrit contre moy : non pour reſponſe à mon liure, ou pour ſouſtenir ſa ſentence, mais pour deprimer mes inuentions, & releuer celle dont il ſe vante.

Doncques en la page 481. il dit, *Que les methodes de trouuer les longitudes par obſeruations celeſtes ſont inutiles pour la Nauigation, & qu'elles ne peuuent auoir aucun vſage que pour la Geographie & l'Aſtronomie, auſquelles à tout le moins les methodes plus ſeures ſont abſolument neceſſaires.* Cependant (comme i'ay dit au 5.probl. de la 2.part. de mon liure) on ne peut trouuer la longitude des lieux ſans auoir au prealable trouué la latitude : Et le Sieur Herigone meſme dans ſes problemes qu'il a baillé pour cét effect, & qu'il a pris de Snellius en ſon Hiſtiodromie ne peut faire autrement : Or la latitude ne ſe peut auoir au vray que par obſeruation celeſte, comme marque Snellius page 107. Ce qui meſmes a contraint le Sieur Herigone de dire en la

page 477. *L'occafion fe prefentant, le temps eftant ferain,* *on obferuera la latitude du lieu par le moyen du Soleil ou* *des eftoilles.* Voyez, ie vous prie, fi cela n'eft pas trouuer les lógitudes par obferuation celefte, puis qu'on
ne les peut auoir approchant du vray fans obferuation celefte, mefmes en l'art de Nauiger dont les Pilotes vfent encor à prefent.

De plus, fi les obferuations celeftes font abfolu-
ment neceffaires à la Geographie: Comment feront-
elles inutiles pour la Nauigation. Puis que la chofe
la plus neceffaire pour la Nauigation eft que la Geographie foit bien eftablie, & chaque lieu de la Terre
& de la Mer bien iuftement mis en fa vraye longitude & latitude dans la Carte?

Finalement, pourquoy les methodes les plus precifes feront reiettées de la Nauigation fi elles font
neceffaires en la Geographie?

Or le Sieur Herigone apres auoir bien loüé fon
inuention, voicy ce qu'il conclud en la page 495.
Neantmoins ny la methode du Sieur Morin, ny aufsi la *mienne, encor qu'elle foit plus iufte & facile;* nous le ver-
rons tantoft; *ne peut auoir aucun vfage en l'art de naui-* *ger.* Cela eft bon à dire de fa methode, mais non pas
des miennes. Voicy fa raifon: *Non tant à caufe des* *erreurs des obferuations & des Tables; qu'à caufe de la rai-* *fon de l'vn & l'autre erreur, à l'erreur de la longitude, la-* *quelle eft prefque comme* 3. à 82. Et moy ie dis tout
au contraire: Que fi en l'inuention de la longitude
par obferuation celefte il arriue erreur, ce ne fera pas
à caufe de cefte raifon; mais à caufe de l'erreur des
Tables & de l'obferuation. Ft la verité de ce que ie
dis eft bien euidente; car f'il n'y a erreur aux Tables
ny à l'obferuation, il n'y aura plus de raifon de 3. à 82.

qui puiſſe cauſer erreur en la longitude.

Ie dis bien plus : Qu'encor que tant de la part des Tables que de l'obſeruation il y auroit erreur de 6. minutes; neantmoins i'ay fait voir par le 4. de mes calculs que l'erreur en la longitude ne ſe monte au plus qu'à 1. degré 6'. 45". qui n'eſt pas encore la raiſon de 3. à 82. & au troiſieſme de mes calculs où y a 6. minutes d'erreur qu'aux Tables qu'à l'obſerua-tion, n'y a que 2'. d'erreur en la longitude. Et quand à la fin du calcul on manqueroit bien le vray lieu de la Lune (d'où depend tout l'affaire) de 3. minutes ; qui cauſeroit erreur en la longitude de 82'. qui ſont 1. degré 22'. N'appellez-vous pas cela plus precis, que deux ou trois degrez d'erreur, leſquels (ſauf le droiȼt de plus) il concede arriuer par la voye ordinaire page 480 ?

Il veut couurir ſon jeu de ce qu'il dit que les Tables de la Lune ſont erronées. Et que n'a-il donc demonſtré ou prouué contre moy qu'il eſt impoſſi-ble de les reſtablir par les voyes que i'ay propoſées, bien que ie me ſois vanté d'auoir la ſcience des pa-rallaxes neceſſaire à cela ? Vous voyez par tout la candeur & l'ingenuité de mes gens ; & comme pour leur paſſion ils veulent eſtouffer vne des plus nobles veritez qui iuſques icy ait paru dans l'Aſtronomie. Et puis le Sieur Herigone me penſe bien appaiſer & obliger quand il aduouë que ie ſuis homme de me-rite & de ſçauoir; mais que la ſentence contre moy renduë eſt veritable & iuridique. Et moy ie dis, que ſi elle eſt veritable, ie ſuis vn fourbe, vn trompeur, & vn ignorant, ainſi qu'ils m'ont depeint dans leur eſcrit : pourquoy a-il conjoinȼt mes eloges à l'ap-probation de ſa ſentence ? Ne ſçait-il pas bien que

la Nature ne conjoint pas immediatement les chofes tout à faict contraires, & que *contraria iuxta fe po-
fita magis elucefcunt?* Neantmoins puis que tel efclat
des contraires fe trouue à mon auantage, & que
les loüanges qui fortent de la bouche des ennemis
mefmes font les plus pures & releuées ; i'en laiffe
iuger à chacun ce qui eft de la verité : Confeffant
que i'ay eu beaucoup de regret que le Sieur Herigone fe foit laiffé emporter à la violence des autres,
& embaraffer en vn affaire fi mauuais pour fa reputation ; veu qu'àuparauant nous eftions luy & moy
en bonne intelligence.

Venons maintenant à l'examen des fix methodes
qu'il a propofées pour trouuer les longitudes des
lieux page 478. Les deux premieres qui font par vn
mefure-pas, ou par vn horloge, font indignes que
ie m'y arrefte ; bien qu'en la feconde il vueille au-
thorifer l'horloge propofé par le Sieur Boulenger.
Confeffant neantmoins par la force des raifons de
mon liure page 2. qu'il faudroit conferuer l'horloge toufiours en mefme degré de chaleur ; fuppofant
encor qu'il fuft fabriqué à perfection : chofe laquelle ie luy veux laiffer entreprendre.

Les 3. & 4. qui font par les Eclipfes font cognuës
y a long temps, & ce n'eft pas la fcience qu'on cher-
choit ; parce que l'vfage en feroit trop rare, comme
i'ay dit en mon liure.

Les 5. & 6. font par le lieu de la Lune trouué par
fon afcenfion droicte, & le lieu de fa tefte de Dragon, fans obferuer, comme il dit, la hauteur de la
Lune. Qui eft l'inuention dont le Sieur Herigone
fe vante tant : Me blafmant fort d'auoir dit en mon
liure page 125. que la fcience des longitudes que ie
mettois

mettois en lumiere estoit tellement parfaite, qu'on ne luy pouuoit rien adiouster.

Mais en premier lieu le Sieur Herigone n'a pas seulement compris le tiltre de mon liure : qui est LA SCIENCE DES LONGITVDES TERRESTRES ET CELESTES : Par laquelle on peut trouuer non seule-ment les longitudes des lieux de la Terre ; mais celles de quelque corps celeste que ce soit, sans sup-poser les Tables d'iceluy corps. Ie luy demande si sa methode fera bien cela ? Il n'a garde de dire qu'ouy. Doncques tant s'en faut qu'il ait adiousté à la perfection de ma science ; qu'au contraire sa me-thode est grandement inferieure à la perfection & excellence de la mienne.

Mais il dit page 494. que ie ne peux auoir la de-clinaison de laLune que par l'obseruation de sa hau-teur; enquoy peut arriuer erreur ou par le defaut de la vraye hauteur du pole, ou par le defaut de la di-uision de l'instrument, ou par les parallaxes, ou par les refractions ; desquelles erreurs sa methode est exempte: Par laquelle sans obseruer la hauteur de la Lune, il trouue sa declinaison si iuste qu'il n'y peut arriuer l'erreur d'vne seconde, ce qui est absolu-ment impossible par la methode du Sieur Morin: Ouy mais il ne dit pas qu'il se trompe luy mesme, se chatouillant pour se faire rire.

Car en premier lieu sa sixiesme methode n'est non plus exempte des erreurs de la hauteur du Pole & de la diuision de l'instrument pour auoir la hauteur de l'estoille, que les miennes; quelle honte dóc de se contredire de la sorte ? Secondemét, commét trou-uera-il par la teste du Dragon la declinaison de la Lune si iustequ'il n'y puisse arriuer erreur d'vne secéde comme il ſe vante, ſi dans les Tables Pruteniques, Daniques & Rudolphines, il ſe trouue plus de deux degrez de difference au vray lieu de la teſte du Dragon, ainſi que i'ay ſouuent experimenté ? Et moy ayant par mes methodes trouué non ſeulement la declinaiſon de la Lune, mais encor ſa longitude iuſques à pres de 4. ſecondes, comme ſe void en deux de mes calculs : que n'a le Sieur Herigone à mon imitation expoſé quelque calcul, pour voir s'il en approche bien d'auſſi prés ? Peut-eſtre n'y a-il pas trouué ſon compte. Troiſieſmement, le Sieur Herigone prend l'aſcenſion droicte de la Lune par les 2. & 4. probl. de la 3. part. de mon liure : ſe ſeruant meſmes de mes propres figures à ceſte fin, leſquelles il n'auoit point veu autre part : & à raiſon de ce pour le moins me deuoit-il faire hommage de la moitié de ſon inuention, ſi tant eſt qu'il ſoit le premier autheur de l'autre moitié, qui eſt de trouuer la declinaiſon de la Lune par la teſte du Dragon. Or il prēd ceſte aſcenſion droicte obſeruant ſelon mon inſtruction le centre de la Lune au cercle Meridien. Et ie dis qu'en ce faiſant il obſerue la hauteur de la Lune. Car de neceſſité il luy faut pour cét effect vne ligne meridienne bien iuſtement tirée ſur vn plan horizontal : Et outre ce vn plan bien verticalement eſleué ſur la ligne meridienne ; auec lequel plan il ne ſçauroit encor rien faire de bien exact, ſans la ligne fiducielle d'vne alhidade qui ſoit bien parallele à iceluy plan. Mais le meſme Quart de cercle auec lequel il prend la hauteur de l'eſtoille, luy ſeruira à tout ce que deſſus. Et par conſequent il aura ſur ſon Quadrant la hauteur apparente de la Lune : laquelle corrigée par la parallaxe luy donnera la vraye declinaiſon de la Lune. S'il dit que la correction par la parallaxe ne peut eſtre iuſte, les parallaxes de la Lune n'eſtans encor bien cognuës: Ie reſponds deux choſes. La premiere que les Tables de la Lune ne ſeront doncques pas iuſtes ; ny par conſequent ſa methode qui ſuppoſe la preciſion des Tables de la Lune. La ſeconde, qu'il ne peut ignorer que ie me ſuis vanté d'auoir la vraye ſcience des parallaxes par laquelle les Tables de la Lune eſtant reformées ſon excuſe n'aura plus de lieu. S'il dit encor qu'il ne veut point de ceſte declinaiſon trouuée par l'obſeruation, & qu'il la veut chercher par ſes calculs de la teſte du Dragon ; Qui ne ſe mocquera d'vn homme qui veut chercher par longues ſupputations vne choſe toute trouuée? Et ie luy veux demander, ſi la declinaiſon trouuée par le calcul eſt differente de celle de l'obſeruation bien faite ; à laquelle ſe doit-on le plus fier? Ie ne penſe pas que ny luy ny autre diſe que ce ſoit à celle du calcul. Mais enfin il pourra dire, que pour le moins ſa methode apres la correction des Tables pourra ſeruir quand la Lune ſera dans les limites des Refractions. Et moy ie dis qu'elle y ſera encore ſuperfluë ſi la Table des refractions du lieu de l'obſeruation eſt exacte : à quoy depuis Tycho les Aſtronomes trauaillent. Mais s'il y a erreur ſenſible en la Table du Climat, ou que les refractions du lieu particulier montagneux, boccageux, grande ville, &c: fuſſent exorbitantes à la Table du Climat ; i'accorde qu'en ce cas la methode du Sieur Herigone pourra ſeruir, la Lune eſtant dans les limites des refractions. Et iuſques icy ie croy que les gens du meſtier auoüeront mon ingenuité.

Apres tout ce que deſſus le Sieur Herigone ſçait

bien que fa methode ne vaut rien pour reformer les Tables erronées de la Lune: ny pour trouuer le vray lieu de la Lune qui eſt requis pour les longitudes, ſi les Tables de la Lune & de ſon Dragon ne ſont bien iuſtes. De plus il ſçait encore auſſi bien que ſa methode ne peut ſeruir qu'envn ſeul moment de temps pris dans les 24. heures du iour: à ſçauoir au moment de temps que le centre de la Lune eſt au cercle du Meridien; Car hors de là ſa methode ne vaut rien: qui ſeroit choſe fort incommode pour ceux qui n'ont loiſir d'attendre ſi long temps, & cependant voyent la Lune hors du Meridien, comme i'ay dit en la page 5. de mon liure: Et partant que l'vſage de telle methode ne peut eſtre que fort rare; tant parce qu'on n'a pas tous les iours la Lune viſible au Meridien, que parce qu'eſtant au Meridien, mes methodes ſont preferables; ſi on ne craint erreur ſenſible du coſté de la refraction. Doncques le Sieur Herigone a mal compris le ſchol. 3. du 4. probl. de ma 3. partie, où il appert que mon deſſein a eſté, de donner vne ſcience qui peut ſeruir à toute heure qu'on voit la Lune, & non pour le ſeul moment que ſon centre eſt au Meridien. C'eſt pourquoy la methode par moy donnée en la page 110. de mon liure par la latitude de la Lune ſes Tables eſtans correctes, ſera beaucoup plus priſée que celle du Sieur Herigone; puis que la mienne peut ſeruir à toute heure la Lune eſtant hors le Meridien.

<table><tr><td>Methode
tres-excel-
lente.</td><td>Et la Lune eſtant au Meridien; lors par ſon aſcenſion droicte priſe par mon 4. probl. page 68. & par ſa latitude priſe coniecturellement comme i'enſeigne en la page 111. i'auray de plein abord la longitude de la Lune par le ſchol. du premier probl. de</td></tr></table>

ma 3. partie, fans auoir befoin ny de la hauteur de la Lune, ny de chercher par le calcul fa decliuaifon comme faict le Sieur Herigone : qui n'oferoit pas plus comparer fa methode auec cefte mienne icy dont i'ay efcrit à Monfieur de Valois; ny ne fçauroit paffer plus outre : veu qu'en la coniecture de la latitude de la Lune, à peine fe peut- on mefconter d'vne minute au plus; dont ne peut arriuer erreur qui empefche de trouuer le degré de longitude qu'on cherche : Et que cefte methode feruira pour le moins auffi bien que celle du Sieur Herigone, quand la Lune fera dans les refractions dont on craindra l'erreur. Puis donc que le Sieur Herigone a fi mal faict la comparaifon de fes methodes 5. & 6. auec les miennes; Refaifons-la mieux maintenant en cefte forte.

Les methodes du Sieur Herigone ne valent rien pour trouuer les longitudes fur la Mer, comme luy mefme aduoüe, à faute de ligne Meridienne. Ne valent rien pour les trouuer fur Terre, la Lune eftant hors du Meridien : Et eftant au Meridien elles font fuperfluës : Sinon au cas que la Lune fuft dans les refractions fenfibles, dont la Table fuft fenfiblement erronée. Elles ne valent rien pour reformer les Tables : & ne valent rien pour trouuer le vray lieu de la Lune, fi ce n'eft apres que les Tables auront efté reftablies.

Mais les miennes font les plus excellentes pour la reformation des Tables qu'on ait encor iamais eu, comme recognoift Monfieur de Valois : Sont excellentes & tres-certaines pour trouuer le vray lieu de la Lune & autres planetes, bien que leurs Tables foient erronées : Elles font propres à trouuer la longitude des lieux fur la Mer, quoy que le Sieur Herigone & fes compagnons difent le contraire, fans l'auoir efprouué auec les Tables correctes, ny demonftré ce contraire. Elles font propres à trouuer les longitudes fur Terre, comme ils n'oferoient encor à prefent nier : Et ce la Lune eftant au Meridien, hors du Meridien, & en fomme à quelque heure qu'on la voye.

Que tout le monde iuge à prefent fi le Sieur Herigone n'a pas bonne grace, de dire page 494. que que les deux methodes qu'il a trouué, font plus excellentes qu'aucune de celles que i'ay mis en mon liure des longitudes : & de les faire afficher par Paris auec des eloges fuperlatifs : & fi celles que i'ay propofé fuppofant les Tables correctes, ne font pas plus à prifer que les fiennes?

Il a auffi bonne grace en la page 495. où il dit que i'ay manqué en la vraye methode de trouuer le lieu du Soleil, & qu'il eftoit plus feur de fuiure l'art que la coniecture. Mais fans parler que mon erreur de coniecture eft infenfible pour mon deffein, comme il confeffe maintenant, contre ce qu'il fouftint fi mal à propos en mon action de l'Arfenal ; que n'a-il donc luy-mefmes donné cét art dans fes methodes ; puis que pour auoir l'heure de l'obferuation il a befoin du lieu du Soleil auffi bien que moy ? Il s'en eft bien gardé. Mais à quoy feruent toutes ces bourdes, finon à s'acquerir plus de deshonneur ? C'euft efté bien pis s'il euft voulu refpondre à mon liure ; dont il s'excufe fi gentiment à la fin de fon Art de Nauiger. Or nous attendons que fes compagnons facent mieux que luy, quoy qu'il ait voulu faire fon cas à part, pour ne les rendre participans de l'hon-

neur de fon inuention : croyant qu'eux tous ne
pourrroient rien trouuer qui la valuſt. Et ne peuuent faire mieux qu'en confeſſant plus ingenuement
leur faute; dont ils tireront plus de gloire que de
s'y obſtiner ; puis qu'auſſi bien comme ie leur ay
predit, ils ne peuuent refpondre pour la defenſe de
leur fentence, qu'en ma faueur, ou que faulſetez &
bagatelles. Nous fommes tous fubiets à faillir ; mais
il n'y a que les hommes mieux nez, qui franchement
recognoiſſent leur faute & ſe vainquent eux mefmes. Il vaut mieux ſe vaincre foy mefme, que d'eſtre
vaincu par autruy ; ioint qu'en cét affaire il y va
grandement de leur confcience. Pour moy ie fuis
bien aſſeuré qu'il n'y aura perfonne du meſtier, ny
autre de lettres & bon efprit, qui n'aduoüe franchement auec les trois celebres Aſtronomes cy deſſus;
que i'ay merité la recompenfe promife par les Roys
pour l'inuention de la ſcience des longitudes : Et
que le tort que m'ont fait mes Commiſſaires eſt ſi
infigne & ſi honteux dans les Mathematiques, mefmes enuers vn Profeſſeur du Roy & à Paris; qu'en
chofe de telle importance ie fuis obligé à mon honneur, & ay tres-iuſte fubiet d'en faire efclater ma
plainte contre eux, aux quatre coings du Monde:
iufques à ce que ſe recognoiſſans, ils reuiennent à
leur premier iugement.

Magna eſt veritas, & praualet. Eſdra lib. 3. cap. 4.